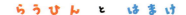

良浜と浜家
らうひん と はまけ

~10頭(とう)のパンダを育(そだ)てた母(はは)パンダの偉大(いだい)なパン生(せい)~

神戸万知 文・写真

協力 アドベンチャーワールド

技術評論社

グレートマザー "良浜"

おだやかな気候と美しい自然に恵まれた、
日本有数の観光地である和歌山県の南紀白浜。
この自然豊かな土地にあるのが、アドベンチャーワールドです。
アドベンチャーワールドの広大な敷地には、
たくさんの動物たちがのびのびとくらしています。
ここでくらす動物のなかでも、特に人気なのが"パンダ"。
これまで、たくさんのパンダの赤ちゃんがたん生しました。

アドベンチャーワールドでたん生し、日本で生まれたパンダで初めて出産、
10頭のパンダの赤ちゃんを育てたグレートマザーがいます。
彼女の名前は"良浜"。

良浜は、最初から子育て上手なパンダだったわけではありません。
飼育スタッフに見守られながら、回を重ねるごとに、
すばらしいグレートマザーに成長していきました。

食いしんぼうでおてんば、たよりになるパワフルなお母さん、良浜。
彼女はとっても魅力的なパンダです。

そんな良浜と浜家のパンダたちの物語を、これから紹介します。
きっと、ますますパンダが好きになるはずです！

contents
もくじ

PART 1 アドベンチャーワールドのパンダたち ……… 5
　column なかよし"ピコン姉妹" ……… 24

PART 2 良浜物語 ……… 25
　column 食も！異性も！実は人間以上に選り好みするパンダ ……… 66

PART 3 浜家ヒストリー ……… 67
　column 世界に広がる浜家 ……… 94

PART 4 浜家のパンダたち　とっておき写真館 ……… 95

アドベンチャーワールドってどんなところ？ ……… 124

＊この本では、ジャイアントパンダを「パンダ」と表記しています。

"浜家"とは？

アドベンチャーワールドで生まれたパンダの名前には、"和歌山県白浜町"の「浜」の字がついています。
この名前から、世界中の人たちから"浜家"と、よばれています。
アドベンチャーワールドでは、これまで17頭のパンダがたん生しました。
初めてたん生したのが、お母さんパンダの良浜です。
中国以外の国で、パンダの赤ちゃんがこれほど多くたん生したのは、
アドベンチャーワールドだけです。
"浜家"は、世界一のパンダファミリーとして、注目されてきました。

永明

良浜

2023年の2月に中国に旅立ち、2025年1月25日に、"中国・成都ジャイアントパンダ繁育研究基地"で、亡くなりました。
浜家を大家族にした偉大なお父さんパンダです。

お母さんの梅梅が中国から永明のお嫁さんに来た時に、おなかには良浜がいました。
良浜はアドベンチャーワールドで生まれたパンダの赤ちゃん第一号です。

PART 1
アドベンチャーワールドのパンダたち

Pandas at Adventure World

アドベンチャーワールドの個性的な4頭のパンダたち

白浜の太陽
良浜(らうひん)

2000年9月6日生まれ　メス

食いしんぼうで、いつもパワフル！子育てをしている時期は、子どもたちをやさしく見守りつつ、いっしょに遊ぶときはいつも本気。子育て上手な、浜家のたよれる存在、かわいいお母さんパンダです。

ボス感がたまらない
彩浜(さいひん)

2018年8月14日生まれ　メス

大物感ただよう、堂々とした寝すがたがファンから大人気。小さなからだで生まれてきましたが、大きな病気もなく成長しました。音に敏感だったり、周囲を気にしたり、寝すがたとは真逆で繊細な一面もあり。

現在アドベンチャーワールドには、お母さんパンダの良浜と、個性的でキュートな娘たち3頭がくらしています。

アドベンチャーワールドのパンダたち

白浜のエンターテイナー
結浜（ゆいひん）

2016年9月18日生まれ　メス

人なつこく、あまえんぼう。飼育スタッフが大好き！お姉さんパンダですが、"永遠の末っ子"と、ファンからはよばれています。また、動きもダイナミックで、クセ強めな寝すがたはつねに注目の的です。

よく食べる元気娘
楓浜（ふうひん）

2020年11月22日生まれ　メス

食べることが大好き！好奇心旺盛で、いつも元気な健康優良児。永明と良浜の末っ子として、たん生しました。竹を寝ながら食べるすがたは、すでにかんろくたっぷりです。

7

良浜の特ちょう

まるい顔に、ぷっくりした耳は、
美パンダの証。
"元祖美パンダ"と、よばれています。
この愛らしさは、娘たちにも
受け継がれています。

輪かく
下ぶくれの、ふっくらしたまる顔は、少女のようにとてもキュートです。

目
くりくりしたまるい目。目を囲むアイパッチは、パンダらしい大きめなまる形です。

耳
ぷっくりした、まるい耳。
音には敏感で、聞き慣れない音がすると、ピタッと動作を止めます。

ボディ
まんまるなボディは、おいしそうな"おにぎり"のようですね。あしは、娘たちに比べ、ひかえめな長さです。

鼻
ちょっぴり低めで、ハート形をしています。

ほっぺ
思わずさわりたくなる、もふもふ、ふわふわのほっぺですね。

ほっぺのアップ♥

アドベンチャーワールドのパンダたち

こんなクセあり!!

寝すがたが独特すぎる！
良浜といえば、前かがみで眠るすがたを、よく目にします。見ているこちら側は、苦しくないのかな？ と思うのですが、ぐっすり眠っているところを見ると、きっとこの寝方が気持ちいいのかもしれませんね。

Rauhin
らうひん

10頭のパンダを生み育てながら、
いくつになってもおてんばで、
少女のような愛らしさのある良浜です。

竹のチェック！
クンクン

2024年9月6日 24歳のバースデー

みんなに愛されている
ラウちゃんです♪

みんなに祝ってもらいました！

アドベンチャーワールドのパンダたち

初代白浜 おてんば娘

コロン コロリン

コロン コロリン

良浜と子どもたち

良浜は、永明との子どもを10頭出産しました。アドベンチャーワールドでは、これまで早い段階で、良浜と子どもたちがいっしょにいるすがたを一般公開してきました。いっしょに遊んだり、授乳したり、どの場面も忘れがたい大切なものばかりです。

2018年日本でもっとも小さなからだで生まれた彩浜と

結浜の特ちょう

顔のパーツが真ん中寄りの
キュルルンフェイス。
永明に似て、少し小顔です。

輪かく
コンパスで描いたような、きれいなまる顔です。

とんがりヘア
頭のてっぺんの毛がピコンと立っています。後ろから見ても結浜とわかります。

目
キュルンと、くりくりした目は、かわいいと評判です。

ほっぺ
ふわっふわのほっぺをしています。

口（くち）
お気に入りの竹を食べるとき、口角を上げ、口を大きく開くためきげんよく笑っているように見えますね。

あし
長めのあしは、永明パパに似ました。

スラリ✧✧

アドベンチャーワールドのパンダたち

こんなクセあり!!

寝すがたが、ダントツでクセ強め

浜家の娘たちのなかでも、もっともクセ強めな寝すがたを披露する結浜。ときにははじっこで、ときには仰向けで、長いあしを投げ出して眠るすがたを、よく目にします。結浜は、眠っているときもファンを楽しませてくれていますね。

Yuihin
ゆいひん

良浜ゆずりのおてんばで、好奇心旺盛な結浜は、つねにみんなを楽しませるアイドルです。

二刀流！

2021年9月18日 5歳のバースデー

5歳のバースデーでは、木の遊具をプレゼントされ、うれしそうに登っていました。

自由すぎる寝すがたが大人気！

ときにはすみっこで

ひょっこり

あんてい

ときには岩のなかで

寝ていても注目を集める結浜です★

アドベンチャーワールドのパンダたち

良浜と結浜

結浜は、良浜が子育てに慣れた時期に生まれ、ひとりっ子ということもあり、大切に、大切に、長い時間抱っこして育てられました。良浜の愛情を一身にうけ、お母さん大好きっ子になりました。そのせいか、大きくなってもあまえんぼうで、人なつこいパンダに成長しました。

結浜を大切に胸に抱える良浜

彩浜の特ちょう

娘たちのなかでは、もっとも顔立ちが永明に似て、クールでかっこいい彩浜です。

輪かく
だ円形の、プリンのような形をしています。

目
目を囲むアイパッチが、眉間に向かってツンととがった形をしています。

耳
山のような、とがった形です。

鼻
永明に似て、スッとした高めの鼻をしていますね。

アドベンチャーワールドのパンダたち

頭

彩浜はよく、頭を地面にこすりつけるようなかっこうで、頭部にしわをつくり、寝ていることがあります。

通常

むっくり

おなか

もふもふなおなかは、思わず顔をうずめたくなりますね。

こんなクセあり!!

ボス感ただよう寝すがた

彩浜といえば、やぐらの上で仰向けになり、堂々と眠るすがたをよく目にします。ファンのあいだでは、この彩浜の寝すがたを見ることができたら〝いいことがある〟と、いわれています。

17

Saihin
さいひん

人が大好きで、飼育スタッフやお客さんに寄っていく彩浜。大物感ただよう寝すがたとのギャップが魅力です。

歩くすがたは、永明にそっくり。あしも長めですね。

たけのこ大好き！

ギュッ

2021年のクリスマス

2021年のクリスマスには、氷の星をプレゼントされて大はしゃぎ★

お気に入りの場所で

スヤスヤ

うつぶせに寝るすがたは、良浜にそっくり！

桜をバックに！

良浜と彩浜

彩浜は、生まれたときに75g（通常100〜200g）しかなく、自力で母乳も飲めず、保育器でスタッフがけんめいに、授乳のサポートをしました。良浜は彩浜を返して！と、大さわぎ。子どもに興味をなくして、この先の子育てができなくなるかも、という心配がありましたが、良浜は戻ってきた彩浜を抱き上げ、母乳をあたえました。良浜の愛情とスタッフたちの努力、彩浜の生きようとする力が合わさり、現在の元気な彩浜のすがたがあるのかもしれませんね。

良浜にあまえる彩浜

アドベンチャーワールドのパンダたち

楓浜の特ちょう

目を囲むアイパッチが、
ヒヨコのような外ハネ形をしています。
おばあちゃんの梅梅、
お姉ちゃんの桃浜に似た顔立ちです。

輪かく
下ぶくれ形で、ほっぺが
ふわふわしています。

目
ヒヨコが向き合ったような、
個性的な形のアイパッチは、
おばあさんの梅梅や、お姉
さんの桜浜に似ています。

耳
彩浜と同じように、
とがっています。

とんがりヘア
結浜ほど高さはありませんが、
小さなとんがりがあります。

アドベンチャーワールドのパンダたち

ボディ
ムチっとしたまんまるな体形(たいけい)は、まるでぬいぐるみのようです。

むっちん

おしり
もっふもふ、ぽわわ〜ん
楓浜のおしりは、見(み)ているだけでとてもいやされますね。

こんなクセあり!!

結浜(ゆいひん)を観察(かんさつ)!

楓浜(ふうひん)と姉(あね)の結浜(ゆいひん)は、頭(あたま)におそろいのとんがりがあるため、ファンからは"ピコン姉妹(しまい)"とよばれています。隣(となり)の部屋(へや)にいる結浜(ゆいひん)を、楓浜(ふうひん)はよく観察(かんさつ)しています。個性的(こせいてき)な寝(ね)すがたの結浜(ゆいひん)が気(き)になるのか、結浜(ゆいひん)が食(た)べている竹(たけ)に興味(きょうみ)があるのかは、なぞです。

Fuhin
ふうひん

浜家の元気な末っ子、楓浜。
よく食べて、よく眠り、よく遊ぶ！
天真らんまんなすがたは、
見ているだけで元気をもらえます。

木の上でアイドルポーズ♪

子パンダながら
あいしゅうある背中

記念日には、いつもお祝いを
してもらいました★

2022年のクリスマス

ギュッ

2021年11月22日
1歳のバースデー

アドベンチャーワールドのパンダたち

食いしんぼうはお母さんゆずり！
食べることが大好き♪

食べる♪

食べる♪

得意の寝食い

食べる♪

竹を2本同時に！

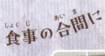
食事の合間に

時おり結浜の観察♪

良浜と楓浜

楓浜は2020年11月22日"いい夫婦の日"に、たん生しました。アドベンチャーワールドでは、通常は1年ほどでひとり立ちするところ、少し長めで1年4か月 良浜と生活をしました。お母さんと長くいっしょにいたせいか、良浜に似て自立心も強く、たくましく成長しました。これからどんなパンダになるか、楽しみですね。

間もなく良浜からひとり立ちするころの楓浜

column コラム

なかよし"ピコン姉妹"

　結浜と楓浜のかわいらしい特ちょうといえば、頭のてっぺんにピコンと立つ毛。
この毛は生まれたときからあったものではなく、結浜は生後4か月ごろ、
楓浜は1歳をすぎたころから目立ちはじめました。2頭のかわいらしい特ちょうでもあります。
　パンダはもともと頭の骨がとがっているため、三角頭のパンダも数多く見かけます。
結浜と楓浜は、頭のてっぺんにひときわ目立つ、長い毛が生えています。
　浜家のパンダには、実は2頭以外にも、ピコンが特ちょうのパンダがいました。
良浜が2010年8月に生んだ陽浜というメスのパンダにも、小さなピコンがありました。
陽浜は、かわいくておてんばで、とても感情豊かなパンダでした。
現在は中国で生活しています。
　また、浜家の親戚にもピコンヘアのパンダがいます。良浜のお母さんである梅梅が、
中国で生んだ奇縁の子ども、メスの奇一（つまり梅梅の孫）にもピコンがあります。
不思議なことに、奇一はいとこの結浜と同じ歳で、似たような目立つピコンをもっています。
中国では"Wi-Fiちゃん"とよばれ、大人気パンダです。
　このように、浜家のパンダには時おり、ピコンをもつパンダがたん生しています。
もしかしたら、今後、結浜や楓浜の子どもにも、ピコンをもつパンダの赤ちゃんが
生まれてくるかもしれませんね。

控えめなピコンがかわいい陽浜

りっぱなピコンが個性的な奇一（梅梅の孫）

写真提供：月亭ペン太

PART 2
良浜物語
Rauhin Story

神戸万知・文

世界に名だたる"浜家"のたん生

　ときは2000年。和歌山県白浜町のアドベンチャーワールドでは、永明という7歳のオスのパンダがくらしていました。
　永明は、2歳になる直前の1994年9月6日、繁殖研究を目的とした、世界初の国際共同繁殖研究で、メスの蓉浜といっしょにアドベンチャーワールドへやってきました。
　ところが蓉浜は、3年後に亡くなってしまいました。
　そして、2000年7月7日、お嫁さんとして、梅梅が中国から到着しました。
　さっそく梅梅と対面した永明は大喜び！　なんどもでんぐり返しをしてみせたのです。

永明の小さいころ

左が永明、右が蓉浜

梅梅は、中国にいたときに発情がきて、人工授精を受けていました。パンダが妊娠できるのは、1年に1回、それもわずか2〜3日間だけです。
まだパンダの数も多くない時代だったため、
その貴重な機会を逃すまいと、中国側で人工授精をしていたのです。

梅梅の来日

写真提供：アドベンチャーワールド

良浜のたん生

　2000年9月6日、梅梅は元気なメスの赤ちゃんを出産しました。
（9月6日は、6年前の1994年に永明と蓉浜が来日した日でもあります。）
　アドベンチャーワールドで、初めてのパンダの赤ちゃんです。
日本でも、1988年に上野動物園で生まれたユウユウ以来、12年ぶりでした。
　赤ちゃんは、良浜と名づけられました。まるくて、ふわふわで、
びっくりするほど愛くるしい良浜に、みんなが心をぎゅっとわしづかみされました。
　白浜町には、「白良浜」という、とても美しい砂浜があります。
白浜生まれの良浜は、またたくまに、この白良浜と同じくらい、
白浜を代表する存在になりました。

生まれたばかりの良浜

梅梅は中国にいたときに出産の経験がありました。
とても子育て上手で、良浜のことも、
愛情たっぷりに世話をします。
　初めてパンダの育児をサポートする飼育スタッフたちにとって、
梅梅はこの上なくたよりになるお母さんでした。
　良浜をくわえて、ぐるぐるまわすという、
独特のあやし方を披露して、飼育スタッフをおどろかせたことも
ありました。

良浜をくわえて、ぐるぐるまわし
ながらあやす梅梅

写真提供：アドベンチャーワールド

幼い良浜

当時パンダの繁殖は、生後4か月ほどで赤ちゃんをお母さんから離し、
人工保育に切り替え、お母さんは次の発情に備えるということになっていました。
まだ幼いころに梅梅と別居することになった良浜は、
飼育スタッフたちがお母さん代わりとなって育ててくれました。

良浜は、ひとりで遊ぶのも上手でした。
赤いボール「赤浜」は、当時のお気に入りでした。
　飼育スタッフにもよく遊んでもらいました。
飼育スタッフに抱っこされてすべり台をすべっていたおかげで、
パンダにしてはめずらしく、
おしりですべり台をすべる技を身につけました。

「赤浜」を抱く良浜。
良浜のお気に入りのボールなので、
スタッフが「赤浜」と、よんで
いました。

写真提供：アドベンチャーワールド

永明と梅梅
自然交配に成功！

　良浜の子育てを早めに終えた梅梅は、順調に発情をむかえて、永明との自然交配に成功しました。
　2001年12月、オスの雄浜がたん生しました。
冬生まれのパンダはあまりいません。
飼育下では、12月に生まれたのは雄浜が初めてでした。
　時期外れでも発情し、そして、ちゃんと対応して自然交配できる梅梅と永明は、たいへん優秀なのでしょう。

永明

パンダはパートナーを選り好みします。
相性がよくなければ、自然交配はむずかしくなります。
　さいわい、梅梅と永明はとても相性がよいとわかりました。
自然交配が叶えば、妊娠・出産の確率もあがります。
おかげで、雄浜以降も、ほぼ2年ごとに
パンダの赤ちゃんが生まれました。
　2003年9月には、初めての双子、
隆浜と秋浜が生まれました。

梅梅と隆浜、秋浜

写真提供：アドベンチャーワールド

良浜と弟の雄浜

左が良浜、右が雄浜

隆浜と秋浜が生まれたころのことです。
初めての双子ということで、飼育スタッフは毎日が大いそがしでした。
　まだ幼い雄浜は、あまり飼育スタッフにかまってもらえません。すると、さびしさのあまり、「赤ちゃん返り」のような行動を見せました。
　困った飼育スタッフは、ふと考えつきました。
「そうだ！　良浜に雄浜の相手をしてもらえば、いいんじゃない？」
　雄浜は良浜よりからだが小さかったため、まずは竹をどっさり食べさせ、体重を増やし、体格差が小さくなってから同居がはじまりました。

　あまえんぼうの雄浜は、遊んでもらいたくてたまりません。
でも、気の強い良浜にすぐおこられます。
美味しい竹もまっ先に取られます。
　その後、雄浜は中国で子どもをたくさんもうけました。メスに受け入れられる、気づかいのできるやさしいオスに成長できたのは、良浜との同居があったおかげかもしれません。

左が雄浜、右が良浜

雄浜は2004年6月に中国へ旅立ちました。
　梅梅と永明のあいだには、その後もパンダの赤ちゃんがつぎつぎと生まれました。
2005年8月に幸浜、2006年12月に双子の愛浜と明浜がたん生したのです。
隆浜と秋浜は雄浜につづき、2007年10月に中国へわたりました。

　梅梅は、双子を同時に抱いて育てることができるお母さんパンダでした。
これは世界で初めてのことで、周囲をびっくりさせました。
　野生のパンダは、双子を産むと、
元気なほうの子どもだけを育てる習性があります。
そのため、飼育下のパンダでは、どちらも無事に育つことができるよう、
双子を入れ替えて、順番に1頭ずつお母さんパンダに
あずけて育てていました。
　梅梅は、同時に双子を育てることができる、数少ないお母さんパンダでした。

写真提供：アドベンチャーワールド

良浜の初めての出産

　さて、良浜はすくすくと成長し、
そろそろ年ごろという時期になりました。
　永明とは血のつながりがないため、お嫁さんになることができます。
お母さんの梅梅と永明の相性はとてもよいので、
娘の良浜への期待も高まります。
　おてんばで食いしんぼうの良浜は、
いったいどんなお母さんになるのでしょう？
もしかしたら飼育スタッフは、永明との相性以上に、
そちらが心配だったのかもしれません。
　2007年、まずは自然交配に成功しました。
けれど、妊娠には至りませんでした。
　翌年の2008年、ついに良浜は妊娠しました！

写真提供：アドベンチャーワールド

写真提供：アドベンチャーワールド

　2008年9月13日、良浜は双子の赤ちゃんを出産しました。
初めての出産に、良浜はとまどいました。
破水して、大声で鳴く小さな赤ちゃんを前に、どうしていいのかわかりません。
(良浜！　赤ちゃんを抱きあげて！)
　飼育スタッフたちは必死で祈りながら、見守りました。
もし良浜が赤ちゃんを抱きあげなければ、
人工保育に切り替える判断をしなければなりません。
ほんの1分ほどの時間が、永遠のように長く感じられました。
　良浜は1分以上、羊水をなめて、赤ちゃんを抱きあげようとしませんでした。
ところが、鳴きわめく赤ちゃんが、うまい具合に良浜の口もとにころがり、
絶妙のタイミングで良浜がぱくっとくわえました。
　その瞬間、良浜にお母さんスイッチが入ったのか、
とまどいながらも赤ちゃんの世話をはじめました。

37

梅浜と永浜

　日本生まれのパンダが、お母さんパンダになりました！
　ところが、こんなうれしい出来事の直後に、信じられない悲しいことが起こりました。
　2008年10月15日、良浜のお母さんである、梅梅が亡くなったのです。
　梅梅は少し前に体調をくずしていましたが、それでもまだ14歳、人間でいうと40代です。
もっと長生きしてくれると、だれもが思っていました。
　7頭のパンダを育て上げた、偉大なお母さんパンダを失い、
アドベンチャーワールドのスタッフやファンの人たちは、深い悲しみにつつまれました。

写真提供：アドベンチャーワールド

初代お母さんパンダの梅梅

梅梅は亡くなってしまいましたが、良浜の出産を見届けることができて、
きっと安心して天国に旅立てたことでしょう。
良浜は、飼育スタッフに助けられながら、慣れない子育てを懸命にがんばりました。
双子の赤ちゃんは、オスとメスで、公募で名前が決まりました。
メスは梅浜、オスは永浜です。
良浜の初めての赤ちゃんで、梅梅の孫娘となれば、
だれもが「これしかない」と思ったのでしょう。
梅浜は、良浜そっくりのまる顔パンダ、
永浜は永明によく似た鼻の長いパンダに成長しました。

永浜と梅浜

写真提供：月亭ペン太

良浜 2度目の出産

　2010年、良浜は2度目の妊娠をしました。
永明との相性はばっちりで、今回も自然交配でした。
おだやかでやさしい永明は、メスを気づかえる、理想的なオスなのです。

　2010年8月11日、良浜は今回も双子の赤ちゃんを出産しました。
　名前は一般公募で、オスが海浜、メスは陽浜となりました。
　2度目の出産のため、良浜はすぐに赤ちゃんを抱きあげ、子育てもだいぶ慣れてきました。
　オスの海浜はとりわけあまえんぼうで、良浜にべったりくっついていました。
　陽浜は、良浜に似て気が強く、ありとあらゆる遊具を遊びたおして壊してしまうほど、おてんばな一面もありました。
　双子でありながら、性格は大きくちがいました。

写真提供：アドベンチャーワールド

良浜と永明は相性が抜群にいいため、子育てが終わって次の発情がくると、
しっかりと自然交配に成功しました。
　2012年8月10日には、メスの赤ちゃんがたん生しました。
　赤ちゃんの名前は、公募で優浜になりました。
　アドベンチャーワールドのメスのパンダは、梅梅や良浜をはじめ、
気が強い性格が多いのですが、優浜は素直で、聞き分けもよく、
ハズバンダリートレーニング※も要領よくすぐに覚えることができました。

※ハズバンダリートレーニングとは、動物が健康でいるために、
動物に協力してもらいながら、治療や世話を行うためのトレーニングです。

日本初！
双子のメスを出産

　2013年2月、良浜の初めての子ども、
梅浜と永浜が中国に旅立つことになりました。
　日本で生まれ育った良浜の子どもが、
お母さんに代わって、パンダの故郷に旅立つのです。
　アドベンチャーワールドのパンダファミリーにとって、
とても大きな節目となるできごとでした。

左が永浜、右が梅浜

写真提供：月亭ペン太

桃浜

良浜に抱っこされる桜浜

　2014年の春、いつもならくるはずの良浜の発情が、
その年はおくれていました。
「今年はもうこないのかな？」と思っていたら、
なんと7月に良浜が発情の兆候を見せたのです。
じつは良浜の発情にいち早く気づいたのは、永明でした。
ほんのかすかな匂いの変化を感じとったのでしょう。
　そして、時期はずれの発情でも、
しっかりと合わせて自然交配できたのも、
やさしく良浜に気づかいできる永明だからこそです。
　こうして、12月2日、メスの双子がたん生しました。
梅梅はパンダとしてはめずらしい12月に2回出産しました。
娘の良浜も、季節外れの冬に妊娠・出産し、
優れた素質を引き継いだことを証明してみせました。

43

ビッグベイビー 結浜のたん生！

今回の赤ちゃんは、アドベンチャーワールドでは初めてとなる、2頭ともメスの双子でした。
名前は公募で、桜浜と桃浜に決まりました。
"桜"は日本を、"桃"は中国を代表する、ピンク色のかわいらしい花です。
この名前のとおり、2頭ともに、とても愛くるしい美パンダでした。

左から桜浜、良浜、桃浜

写真提供：アドベンチャーワールド

　2016年、良浜はふたたび自然交配で妊娠しました。
　9月18日、とても元気な赤ちゃんがたん生しました。
体重は197g。これまでアドベンチャーワールドで
生まれたなかで、いちばん大きなパンダの赤ちゃんです。
　名前は、結浜と決まりました。
　4回目の出産とあって、今や良浜は
すっかりベテランお母さんです。
結浜のことは、飼育スタッフが健康管理のためにあずかる時以外、
24時間ずっと抱っこしながら育てました。
そのためか、結浜はお母さん大好きなあまえんぼうになりました。

世界に広がる"浜家"の血筋

　同じく2016年、中国にわたった梅浜も出産しました。
良浜の初孫です。
　パンダの赤ちゃんはメスで、梅蘭と名づけられました。
良浜や梅浜とよく似た、まる顔の可愛らしい梅蘭は、
中国で大人気になりました。

梅浜の初めての子どもで、良浜の初孫"梅蘭"　　　　　　　　　　写真提供：月亭ペン太

2017年6月、6歳の海浜と陽浜、4歳の優浜が中国へ旅立ちました。

これで、中国へわたった良浜の子どもは5頭になりました。

気がつけば、良浜は梅梅の年齢(14歳)を超えていました。

育てたパンダの赤ちゃんも、梅梅に追いつくほどになっていました。

「あの食いしんぼうの良浜が、ほんと立派なお母さんになったよねえ……」

飼育スタッフたちも、感慨深く思うのでした。

海浜

陽浜

優浜

小さな小さな彩浜のたん生

　2017年10月、良浜の7頭目の子ども、結浜もすくすく成長し、無事にひとり立ちしました。良浜はひさしぶりの「おひとりさま」生活を満喫します。
　お父さんパンダの永明は、25歳になりました。まだまだ元気で若々しいものの、飼育下のパンダの寿命は20〜30年といわれ、「高齢」の仲間入りをしています。
　だから、ひょっとしたら結浜は、永明の最後の子どもかも？　と思われていました。
　けれども、2018年、発情の兆候がみられ、自然交配に成功し、良浜は妊娠しました。

まもなくひとり立ちするころの結浜

良浜はいつも通りに妊娠の時期をすごしました。

ところが、8月14日、生まれてきたのは、
体重わずか75gの赤ちゃんでした。彩浜です。

もともと、パンダの赤ちゃんは100〜200gの「超未熟児」としてたん生します。100gを下回ると、小さすぎて、生き延びる確率はぐんと下がります。

彩浜は、鳴き声も心臓の音も小さく、
血色も悪くて、ひと目で心配な状態にあるとわかりました。

生まれたばかりの結浜(197g)

生まれたばかりの彩浜(75g)

生まれたばかりの結浜と彩浜を比べると、
いかに彩浜が小さく生まれたかがわかります。

写真提供:アドベンチャーワールド

がんばれ！彩浜

　それでも、良浜は彩浜をやさしく抱え、献身的になめます。
　彩浜は弱々しくて、自力で母乳を飲むことができません。
体温も低くて、このままだと危険なため、飼育スタッフがあずかり
保育器に入れて温めます。
　呼吸や心音がほとんど確認できず、酸素吸入や心臓マッサージを
行い、なんとか回復しました。

写真提供：アドベンチャーワールド

この赤ちゃんを助けたい！

　飼育スタッフたちは懸命にサポートしました。
　注射器を使い、一滴ずつ彩浜の口に
母乳をふくませます。
　"初乳"という、出産直後の母乳は、
成長のためにとても大切です。
　そのおかげで、彩浜は少しずつ力をつけ、
ミルクを飲むことができました。
そして、いったん状態が安定してからは、
彩浜は順調に育っていきました。

良浜の子どもたちへの深い愛情

彩浜が生き延びることができたのは、なにより、良浜があきらめなかったからです。
良浜は大切に、大切に、小さな彩浜を抱き続けました。
ひたむきに世話を続ける良浜のすがたに、飼育スタッフたちも大きく心を打たれました。
生後わずか4か月でお母さんから離れた良浜が、こんなにも愛情深いお母さんになりました。
最初の出産ではとまどい、育児もぎこちなかったのに、
これほどたよれるすばらしいお母さんに
成長したのです！

2018年10月、永明が第10回日本動物大賞グランプリを受賞しました。
梅梅とのあいだに6頭、良浜とのあいだに9頭の子どもをもうけ、
繁殖がむずかしいとされるパンダの種の保存に大きく貢献したためです。
永明は、2014年に桜浜・桃浜が生まれた時点で、"現在の飼育下で自然交配し、
繁殖した世界最高齢のジャイアントパンダ"となっていました。
さらに、結浜、彩浜のたん生で、その偉大な記録を、みずから更新しました。

コロナ禍のアドベンチャーワールド

　2020年、新型コロナウイルスが世界中で大流行しました。人々の移動は制限され、生活に直結するお店や施設以外は閉まりました。アドベンチャーワールドも長い休園を余儀なくされました。

　とはいえ、アドベンチャーワールドなど、動物がくらしている施設は、ただ休むわけにはいきません。休園でお客さんがこなくても、動物の世話は毎日しないといけません。

結浜

彩浜

永明

　休園期間が明けてふたたび開園しても、まだまだ新型コロナウイルスの猛威は収束しそうにありません。日本だけでなく、世界中から、コロナ関連の暗いニュースが毎日流れてきます。
　そんななか、2020年6月、良浜が発情をむかえました。
　27歳の永明は、今回もしっかり良浜にこたえ、自然交配に成功したのです。

日本人スタッフのみでの 出産

良浜に妊娠の兆候があらわれました。

これまで通りに、飼育スタッフたちは出産に向けて準備をすすめます。

ただひとつ、大きな問題がありました。

コロナ禍で海外渡航ができないため、中国から研究員さんが来日できないのです。

(もし彩浜のように、ものすごく小さい赤ちゃんが生まれたら……。)

不安もありましたが、とにかくできることを精一杯するしかありません。

飼育スタッフたちは、良浜を信じ、なにがあってもしっかりサポートしようと覚悟を決め、準備を万全に整えました。

写真提供:アドベンチャーワールド

　2020年11月22日、「いい夫婦の日」に、
良浜は無事に出産しました。
　体重は157gで、大きさもじゅうぶんです。
コロナ禍の重苦しい空気のなか、まさに希望の光といえる、
とっても元気な赤ちゃんでした。
　中国の研究員さんとオンラインで連絡を取りあいながら、
出産をむかえました。
飼育スタッフたちは、これまで通りに良浜の育児を支えました。
　良浜も、ずっと寄りそってくれる飼育スタッフのことを、
信頼しているようでした。
　ときには、ちょっと休憩したいから赤ちゃんよろしくね、
とばかりにまかせてくれることもありました。
　赤ちゃんが生後1か月になるころ、中国の研究員さんも、
ようやく来日することができました。
　中国の研究員さんも、たいこばんを押すほど、赤ちゃんは
元気に育っていました。

永明と桜浜、桃浜の中国への旅立ち

赤ちゃんの名前は、公募と投票により、楓浜が選ばれました。
楓浜は、良浜の愛情を一身に受けて、すこやかに成長しました。
最初はオスと発表されていた楓浜ですが、
生後1か月後にもういちど確認して、メスだとわかりました。
じつは、パンダの赤ちゃんの性別は、判別がとてもむずかしくて、
生後数日どころか、何年も経ってから修正されることもあるのです。

2022年の12月、お父さんパンダの永明と、8歳になった双子の桜浜と桃浜が、中国に旅立つという発表がありました。
　年ごろの桜浜と桃浜はともかく、30歳をむかえた永明が中国に行くことは予想外で、みんなとてもおどろきました。

　楓浜は、良浜と永明にとっての、末っ子となりました。
良浜と永明のあいだに生まれた子どもの数は、全部で10頭です。
　永明と蓉浜が2頭で白浜町にやってきてから28年、
アドベンチャーワールドのパンダファミリーは
こんなにも豊かに大きくなりました。

2023年2月14日 永明
アドベンチャーワールドでの
最後のバレンタインイベント

行ってらっしゃい 桜浜、桃浜！
ありがとう 永明

永明と桜浜・桃浜の旅立ち前、たくさんの人たちが全国からアドベンチャーワールドを訪れました。
連日、これまでにないほどの長い観覧列ができました。
みんな、もういちど永明に会って、これまでのたくさんの幸せな思い出に、感謝の気持ちを伝えたいと思ったのでしょう。

桜浜と桃浜は、とても美しく成長しました。
良浜に似てきましたね！

2023年2月21日 永明 アドベンチャーワールドでの最後の観覧日

2023年2月22日、永明は、娘の桜浜と桃浜といっしょに、中国へと旅立ちました。
28年前、まだおさなかった永明と蓉浜は、開業したばかりの関西国際空港に
VIP第1号として降りたちました。
そして、今や永明は、日本と中国をつなぐ「中日友好特使」にも任命され、
見事な凱旋帰国です。

旅立ちのとき

いよいよ中国へ出発です！

たくさんの人に見送られ、中国へと旅立って行きました。

写真提供：アドベンチャーワールド

パンダ界一の大ファミリー
"浜家"

永明は、自然交配のできる優秀なオスとして、16頭のパンダのお父さんになりました。
ほんとうに偉大なお父さんパンダです。
やさしくておだやかで、落ち着いて梅梅や良浜に対応できました。
永明は、間違いなくレジェンドであり、英雄パンダです。
一方で、梅梅と良浜も、永明に負けないくらいすばらしい英雄の、お母さんパンダです。
そもそも、パンダのオスは、子育てに参加しません。
永明が授けてくれた命を、梅梅と良浜が長い時間をかけて大切に育んでくれたからこそ、
"浜家"とよばれる一大ファミリーができたのです。

永明

梅梅

良浜

写真提供：アドベンチャーワールド

2025年初春、アドベンチャーワールドにはお母さんパンダの良浜と、娘の結浜、彩浜、楓浜の4頭がくらしています。

もうすぐ春がやってきます。

アドベンチャーワールドにも、ふたたび春は訪れるでしょうか。

年ごろになった娘たちに、すてきなパートナーがきてくれるといいなというのは、きっとみんなの願いです。

日本で生まれ育った良浜が母親になり、さらにまたその娘が、日本でお母さんになれたら、こんなすてきなことってないと思いませんか。

アドベンチャーワールドの3姉妹

未来へ

　良浜は、もうじき25歳をむかえます。
　おてんばで食いしんぼうだった少女時代から、
不慣れな子育てに奮闘しながら偉大なお母さんパンダへと成長し、
今はゆったりのんびりとひとりの時間を楽しんでいるのでしょう。
　良浜は、竹を食べながら、ときどきふっと動きを止めるときがあります。
もしかしたら、大好きな永明や、子どもたちのことを思い出しているのかもしれませんね。

良浜、7回の出産で、10頭の子どもを育てて、
たくさんの幸せと笑顔をありがとう！
これからもずっと元気で長生きして、
ますます楽しいパン生をおくってね！

column コラム
食も！異性も！実は人間以上に選り好みするパンダ

　アドベンチャーワールドの伝説のオスパンダの永明は、竹の好みにうるさいことで知られていました。たとえおなかがへっていたとしても、気に入らない竹はいっさい口にしないという、飼育スタッフ泣かせの一面もありました。永明に似て、竹やリンゴの味にこだわりが強いのが、結浜や彩浜です。

　竹だけではなく、パンダは人間以上に、異性への選り好みがはげしい動物といわれています。メスは気に入ったオスでないと交配させないため、お見合いをしてもうまくいかないことが多くあります。

　また、メスがオスの交配を受け入れる発情のピークは、1年でたったの2、3日ととても短いため、"パンダの妊娠、出産は奇跡に近い"と永らくいわれてきました。
アドベンチャーワールドでは、この奇跡を数多く起こしてきました。
永明は、梅梅とのあいだに6頭、良浜とのあいだに10頭の子どもをたん生させてきました。
永明と梅梅・良浜の相性、環境、アドベンチャーワールドのスタッフの努力、そして日本と中国の協力、この4つが揃ったことで、わたしたちはたくさんの子パンダに会うことができたのです。

アドベンチャーワールドを大家族にした、オスの永明

PART 3
浜家ヒストリー

History of Hamake

アドベンチャーワールド 歴代パンダの紹介

すべては永明からはじまった！
浜家を語るうえで、もっとも大きな存在 グレートファーザー永明を紹介しましょう。

永明
1992年9月14日生まれ
2025年1月25日 永眠

1994年に永明がアドベンチャーワールドへやってきてから、30年以上が経ちました。
永明はわたしたちに、たくさんの子パンダとの出会い、そして思い出をプレゼントしてくれました。

いつもおだやかに、わたしたちを出むかえてくれました。

竹のにおいはかならずチェック！グルメな永明です♪

やんちゃな一面も！

永明がゆうがに歩くすがたは、
アドベンチャーワールドの
名物のひとつでした。

後ろあしを
ひじ掛けにしているときは、
竹に満足しているときです。

スラリ★

グルメな永明
ゆうがな永明
おだやかな永明
みんな大好きな永明です！

浜家ヒストリー

2023年2月21日
永明 アドベンチャーワールドでの最後の公開日

この日 永明は最後まで起きてお客さんにそのすがたを見せてくれました。

永明 たくさんのスマイルをありがとう!

浜家ヒストリー

永明と蓉浜

1994年9月に、永明と蓉浜はペアで来日しました。来日したばかりのころは、永明は体調をくずし、おなかをこわしてばかり。蓉浜はすぐに環境にも慣れ、元気に過ごしていました。永明と蓉浜のあいだに赤ちゃんがたん生することが期待されましたが、2頭が来日して3年後、残念ながら蓉浜は病気で亡くなりました。みんなに愛された、かわいい蓉浜。アドベンチャーワールドのパンダの飼育初期を語る上で、忘れられない大切な存在です。

蓉浜という名前は、中国がアドベンチャーワールドに送り出すために"浜"の字をつけてくれました。

写真提供:アドベンチャーワールド

アドベンチャーワールドの

哈蘭(オス)

推定1984年生まれ
2006年12月5日 永眠

梅梅(メス)

1994年8月31日 中国生まれ
2000年7月7日 来園
2008年10月15日 永眠

永明(オス)

1992年9月14日 中国生まれ
1994年9月6日 来園
2023年2月に中国へ
2025年1月25日 永眠

雄浜(オス)

2001年12月17日生まれ
2004年6月に中国へ

双子

隆浜(オス) 秋浜(オス)

2003年9月8日生まれ
2007年10月に中国へ

良浜(メス) ★

幸浜(オス)

2005年8月23日生まれ
2010年3月に中国へ

双子

愛浜(メス) 明浜(オス)

2006年12月23日生まれ
2012年12月に中国へ

★マークは現在アドベンチャーワールドにいるパンダです。

パンダ ファミリー

アドベンチャーワールドでは良浜をはじめ、これまで17頭のパンダがたん生しています。

蓉浜（メス）

1992年9月4日 中国生まれ
1994年9月6日 来園
1997年7月17日 永眠

良浜（メス） ★

2000年9月6日生まれ

浜家ヒストリー

【双子】
梅浜（メス） / **永浜（オス）**

2008年9月13日生まれ
2013年2月に中国へ

【双子】
海浜（オス） / **陽浜（メス）**
2010年8月11日生まれ
2017年6月に中国へ

優浜（メス）

2012年8月10日生まれ
2017年6月に中国へ

【双子】
桜浜（メス） / **桃浜（メス）**

2014年12月2日生まれ
2023年2月に中国へ

結浜（メス） ★

2016年9月18日生まれ

彩浜（メス） ★

2018年8月14日生まれ

楓浜（メス） ★

2020年11月22日生まれ

2025年2月現在

写真提供：アドベンチャーワールド

アドベンチャーワールド パンダヒストリー

ジャイアントパンダの飼育頭数が日本一である
アドベンチャーワールドは、日本で初めて
自然交配での繁殖を成功させました。
どのような歴史があるのか紹介しましょう!

1988-89年

1988年9月から1989年1月の期間限定で、オスの辰辰とメスの慶慶の2頭が来園。

小さいころの永明

1994年

9月、成都ジャイアントパンダ繁育研究基地から、オスの永明とメスの蓉浜が来園。

！ちょい足し

ジャイアントパンダでは世界初の、国際共同繁殖研究で来日しました。

梅梅来日

1997年

7月に、蓉浜が突然病気になり永眠。その後、永明は3年間を1頭でくらすことになる。

2000年

7月、メスの梅梅が来日。中国で人工授精をしていた梅梅が、9月にメスの赤ちゃんを出産。良浜と名づけられた。

浜家ヒストリー

2001年

12月、オスの雄浜がたん生。パンダの12月の出産は、飼育下では世界初となる。

生まれたばかりの良浜

2003年

9月に、双子の赤ちゃんがたん生。2頭ともオスで、隆浜と秋浜と名づけられた。双子のたん生は日本では初となる。

写真提供：アドベンチャーワールド

2004年

6月、将来の繁殖を目指して雄浜が成都ジャイアントパンダ繁育研究基地へ旅立つ。

良浜と梅浜・永浜

良浜と海浜・陽浜

2008年

9月、永明と良浜のあいだに、自然交配により双子の赤ちゃんがたん生。メスは梅浜、オスは永浜と名づけられた。日本生まれのパンダの出産は国内初。10月に梅梅が永眠。

2010年

3月に、幸浜が中国へ旅立つ。
8月、永明と良浜のあいだに双子の赤ちゃんがたん生。オスは海浜、メスは陽浜と名づけられた。

愛浜

明浜

2012年

8月、永明と良浜のあいだにメスの赤ちゃんがたん生。優浜と名づけられた。12月に、愛浜と明浜が中国へ旅立つ。

幸浜

2013年

2月に、梅浜と永浜が中国へ旅立つ。4月、希少動物繁殖センター「PANDA LOVE」がオープンした。

PANDA LOVE

2014-16年

2014年12月、永明と良浜のあいだに双子のメスの赤ちゃんがたん生。桜浜と桃浜と名づけられた。2016年9月にはメスの赤ちゃん、結浜がたん生した。

生まれたばかりの結浜

2017-18年

2017年6月に、海浜、陽浜、優浜の3頭が中国へ旅立つ。2018年8月、永明と良浜のあいだに日本ではもっとも小さい、75gのメスの赤ちゃんがたん生。彩浜と名づけられた。

生まれたばかりの彩浜

2020-23年

2020年11月、永明と良浜のあいだにメスの赤ちゃんがたん生。楓浜と名づけられた。2023年2月に、永明、桜浜、桃浜の3頭が中国へ旅立つ。

生まれたばかりの楓浜

2025年

2025年1月25日に、永明が永眠。

写真提供：アドベンチャーワールド

浜家ヒストリー

梅梅と子どもたち

アドベンチャーワールドの初代お母さんパンダ梅梅と、子どもたちを紹介しましょう。
梅梅が愛情をかけて大切に育てたパンダたちは、りっぱなパンダに成長しています！

梅梅
1994年8月31日 生まれ
2008年10月15日 永眠

梅梅は飼育下で初めて2頭の赤ちゃんを同時に授乳するなど、優れたお母さんパンダでした。

梅梅と赤ちゃん時代の良浜。梅梅は子どもを口でくわえ、ぐるぐるまわしてあやしました。これを飼育スタッフは"ぐるぐる"と、よんでいました。

良浜 メス

今では梅梅をしのぐほど、グレートマザーになりました。

雄浜 オス

永明に似て、やさしくて、かっこいい雄浜。飼育下で初の冬生まれのパンダです。中国では、たくさんの子パンダのお父さんになりました。

良浜と雄浜の子パンダ時代。2頭はおさないころ、いっしょにすごしていました。
左が雄浜、右が良浜

双子のオスパンダ、隆浜と秋浜は、どちらもあまえんぼうで、いつも梅梅を兄弟で取り合っていました。秋浜は、今ではたくさんのパンダのお父さんになりました。

永明に似たスラリとした長いあしに、やさしい顔立ち、おだやかな性格で、たくさんの人に愛されました。中国でも大人気です。

メスとオスの双子、愛浜と明浜。愛浜は美しくて、しっかりもの。明浜はマイペースで、あまえんぼうでした。愛浜は中国で赤ちゃんを生み、お母さんになりました。

写真提供:アドベンチャーワールド

浜家ヒストリー

良浜と子どもたち

良浜はこれまでアドベンチャーワールドで7回出産し、10頭のパンダの赤ちゃんを育て上げました。
良浜が愛情かけて育てた子どもたちを、紹介しましょう！

良浜
2000年9月6日生まれ

すでに7頭の子どもたちは中国へと旅立ちました。
母子でじゃれ合ったり、授乳したり、いっしょに眠ったり、これまでさまざまな場面を見せてくれました。

梅浜（メス）＆ 永浜（オス）

梅浜は良浜に似て気が強く、永浜は永明に似ておだやか、個性的な双子でした。

海浜（オス）＆ 陽浜（メス）

2度目の出産とあって、良浜も子育てに慣れてきました。

写真提供：アドベンチャーワールド

海浜（オス） & 陽浜（メス）

あまえんぼうの海浜と、
やんちゃでかわいい陽浜は、
みんなに人気でした♪

良浜や陽浜にからんでいく海浜に、
マイペースな陽浜。
いつもみんなを楽しませてくれました。

写真提供：月亭ペン太

浜家ヒストリー

良浜にとって、初めての
ひとりっ子だった優浜。

優浜（メス）

ひとりっ子だったせいか、
優浜はひとり遊びも
得意です！

81

桜浜(メス) & 桃浜(メス)

メスの双子 桜浜と桃浜は、いつもいっしょ！

良浜といっしょにいた期間が、

ほかの子どもたちより短かったぶん、

姉妹のきずなが深く、とてもなかよしでした。

桜浜(メス)

桜浜は顔立ちは良浜や、おばあちゃんの梅梅に似ています。
おっとりとした性格で、
みんなをいやしてくれる存在でした。

桜浜は木登りが大好き！
桜浜を追いかけて、
桃浜もいっしょに登っていました。

桃浜 メス

桃浜は輪かくは良浜に、鼻筋の通っているところは永明に似ています。好奇心旺盛で、活発な女の子です。

名前と同様に、ピンク色のかわいいパンダの赤ちゃんでした。

生まれたばかりのころは名前も決まっておらず、桜浜は"第1子ちゃん"、桃浜は"第2子ちゃん"とよばれていました。

浜家ヒストリー

いつもいっしょに♪

桜浜、桃浜 中国でもなかよく、そして良浜に負けない、すてきなお母さんになってね!

結浜 メス

結浜は小さなころは顔立ちや体形は永明に、性格は良浜に似ているといわれていました。
今では、目や口もとは良浜、鼻は永明など、両親の特ちょうを受け継いでいます。

お母さんの竹をカジカジ！
まだ竹の味は早いかな？

竹の食べ方、はしごの登り方、お母さんからたくさんのことを教えてもらいました。

結浜は、良浜からたくさんの愛情を受けて育ちました。

いっしょに寝んね

浜家ヒストリー

お母さんの近くが一番安心！

お母さんのおなかはふかふかベッド

お母さん子の結浜は、とても人なつこく、
好奇心旺盛なパンダに成長しました！

彩浜 メス

良浜の子どものなかでは
もっとも小さく生まれた彩浜ですが、
病気をすることもなく、たくましく育ちました。

ひょっこり

良浜は、子どもたちがまだ小さいころは、
近くで見守り、手助けしたり、つれ戻したり、
目を離すことなく、気を配ります。

すずしく、気候のいい過ごしやすい日は、外の展示場へ。
外に出て走ったり、日差しをあびることは、からだを強く
するために、とても大切です。

お母さんの下に、かくれんぼ

お母さんのあとを追いかけて

浜家ヒストリー

これからもすこやかに成長してね！

楓浜 メス

わんぱくな浜家の末っ子！
良浜ともっとも長くいっしょにいた楓浜。
いっぱい食べて、パワフルに成長中！

お母さんが食べる竹に興味津々！

~コネコネ~

~コネコネ~

お母さんにならって
竹を食べる練習！

親子でわちゃわちゃ

パンダの赤ちゃんは1歳を過ぎるころまで、
お母さんパンダとくらし、
母乳をもらって成長します。

浜家ヒストリー

顔立ちはおばあちゃんの梅梅、
長いあしは永明、頭のピコンは結浜、
浜家のパンダの特ちょうをもつ楓浜。
どんなパンダに成長するか楽しみですね！

良浜ってどんなパンダ？
飼育スタッフさんに聞きました!!

熊川智子さん

良浜ってどんなパンダ？ 幼いころの良浜は？ 良浜の成長を長年近くで見守り、もっともよく知る、元飼育スタッフの熊川智子さんと、現役飼育スタッフの品川友花さんに話を伺いました!

品川友花さん

Q1 良浜といえば、元祖おてんば娘で、パワフルなお母さんパンダというイメージがありますが、性格にはどんな特ちょうがあるのでしょうか？

A1 気が強く、神経質な部分がありますね。耳が大きく、そのぶん音にも敏感なのか？ 聞きなれない音を耳にすると、突然ピタッと動きを止めます。また、寝ることが大好き！ 一度寝るとなかなか起きてくれないことも。好ききらいせずなんでも食べてくれるのは、飼育スタッフとしてとても助かります。

Q2 今やりっぱなお母さんパンダになった良浜ですが、幼いころはどんなパンダだったのでしょうか？

A2 とにかくおてんばで、なんでも壊すパンダでした。新しい遊具は、まずにおいをかぐ、かみつく、そして壊す、のくり返しでした。お母さんになってからも、パンダの赤ちゃんの遊具は、まずは良浜がチェックしていましたね。安全な遊具なのか、まるで点検しているかのようでした。

Q3 飼育スタッフの方々しか知らない、良浜の意外な一面がありましたら、ぜひ教えてください！

A3 ふだんは元気な良浜ですが、じつは繊細な一面もあります。良浜のたん生日イベントのときに、室内の運動場の壁に飾りつけをしたのですが、良浜が怖がって運動場に出てきてくれませんでした。ふだんと違う雰囲気を、感じとったのかもしれませんね。

Q4 これまで7回出産をし、10頭のパンダを育ててきた良浜ですが、もっとも印象に残っている出産はいつでしょうか?

A4 もっとも小さなからだで生まれた彩浜を出産したときが、とても印象に残っています。パンダの赤ちゃんは通常100から200gで生まれてきますが、100g以下はとても危険な状態になります。良浜が出産に慣れたベテランのお母さんパンダであったこと、アドベンチャーワールドには蓄積したパンダの出産データがあったからこそ、彩浜が無事に成長できたのだと思います。

Q5 これほどまでにたくさんのパンダの出産に成功してきた要因は、どこにあるのでしょうか?

A5 まずは一番に、良浜がとても健康であるということ。永明との相性がとてもよかったこと。そして、中国研究員のサポートがあってこそ、成功につながってきたのだと思います。これまでなんどもパンダの出産を経験してきましたが、ひとつとして同じ出産はありませんでした。さまざまなことが重なり、よい結果を生んでいるのだと思っています。

浜家ヒストリー

Q6 良浜と永明の相性のよさを感じられたとき、もっとも印象に残っている瞬間はありましたか?

A6 パンダのオスとメスは、通常は離れた部屋でそれぞれくらしています。良浜が最初に発情したとき、永明と同じ室内に入れると、交配のしかたがわからずしりごみしていました。そんな良浜を、永明がリードして交配に成功したとき、相性のよさを感じました。

Q7 良浜の子どもたちのなかで、もっとも良浜に似ているパンダは?また、あまり似ていないパンダは?

A7 顔立ちがとくに似ているのは、梅浜、桜浜。性格的には、良浜の気の強いところが、梅浜と陽浜はよく似ています。好ききらいなくなんでも食べてくれるところは、桜浜が受け継いでいますね。優浜と楓浜は、良浜よりも、おばあちゃんである梅梅に顔立ちが似ている気がします。目をかこむ外ハネ形のアイパッチがそっくりです。

Q8 良浜ともっとも相性のよかったパンダは、どのパンダでしょうか？

A8 良浜ともっとも相性がよかったのは結浜ですね。結浜は、良浜が 24 時間ずっと抱いて育てた子どもでした。通常はオスのパンダのほうがあまえんぼうになるのですが、結浜は良浜といっしょにいる時間が長かったからか、とてもあまえんぼうで、お母さんが大好き！良浜もあまえてくる結浜と遊んだり、抱っこしたり、大切に育てていました。良浜から結浜にじゃれにいっていたこともありましたよ。

Q9 良浜も、高齢にさしかかってきました。以前と比べて、体調面などの変化はあるのでしょうか？

A9 体調面においては、以前と変わらず元気なのですが、高齢になってきているため、食事面に気を配っています。つねにおいしい竹を用意し、ストレスをためないようにしています。近ごろは、健康管理の項目も増やしています。エコー検査をできるようにしたり、口の中の検査や目薬をさせるようにトレーニングしたり、良浜が健康でいられるように、取り組んでいます。

Q10 良浜は、飼育スタッフの方々にとってどんな存在なのでしょうか？

A10 いっしょに成長してきた"同志"のような存在です。アドベンチャーワールドで生まれ、わたしたちにパンダの愛らしさ、おもしろさ、そして子育て、パンダの一生を見せてくれている、さまざまなことを教えてくれる大切な存在です。

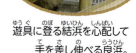

遊具に登る結浜を心配して手を差し伸べる良浜。

飼育スタッフさんだけが知る！とっておきの話

グルメだったり、やんちゃだったり、浜家のパンダたちは、みんなとても個性的！ どんなクセがあるのか、飼育スタッフさんだけが知るとっておきの話を聞いちゃいました！

1 パンダファミリーの子どもたちはどのパンダも個性的ですが、性格の違いはオギャーと生まれたピンク色の時期から出始めます。楓浜は、良浜のおっぱいを飲ませるために、良浜の乳首に飼育スタッフが誘導すると、「こっちじゃない！」とばかりに、違う乳首のほうへ移動していきました。飼育していると、徐々に性格の変化も見えてきて興味深いですよ。

2 パンダは約50パーセントの確率で、双子が生まれます。アドベンチャーワールドでも双子のパンダが、多くたん生しました。とくに印象に残っているのが、愛浜と明浜のメスとオスの双子。2頭はお母さんパンダの梅梅と離れると、しっかりものの愛浜がいつも明浜の面倒を見ていました。ときには愛浜のおっぱいを明浜が吸ってあまえることも。愛浜が中国でいいお母さんパンダになったのも、こうした経験があったからかもしれませんね。

元気に遊ぶ愛浜と明浜

3 アドベンチャーワールドでは、パンダの赤ちゃんに、遊具やおもちゃを用意しています。歯が生え変わる時期は、噛んで遊べる木でできたおもちゃを。ひとりっ子で生まれたパンダには、ひとり遊びできるボールなどを用意しました。良浜や結浜などは、赤いボールがお気に入りでした。そのパンダの特ちょうや性格、年齢などにあわせ選びます。おもに、生まれて半年のお祝いや、たん生日にプレゼントすることが多いですね。

遊具で遊ぶ楓浜

4 よく、大切に育てたパンダたちが中国へ旅立つのはさびしいのではないか？　と、聞かれることがあります。中国に旅立ったパンダたちに会いに行くと、どのパンダも新しい環境に順応して、広い敷地でくらし、子どもを産み育て、たくましく成長していました。パンダたちの新しい未来に繋がっている！ そう感じ、うれしくなりましたね。パンダたちが中国へ旅立つときは、「行っておいで！」と、背中を押すような気持ちでいつも見送っています。

浜家ヒストリー

column コラム
世界に広がる浜家

中国以外の国で、もっともパンダが多くたん生したのは、日本のアドベンチャーワールドです。世界中から注目される浜家の血筋は、中国はもちろんのこと、世界中へ広がっています。

フランスには、梅梅の孫である、メスの歓歓がいます。歓歓は、フランスでオスの円夢、続いて、メスの双子歓黎黎と圓嘟嘟を生みました。

韓国には、永明のおいである、オスの楽宝がいます。楽宝には、メスの福宝、続いて、メスの双子睿宝と輝宝という、3頭の娘たちがいます。

フランス生まれの円夢は2023年7月に、韓国生まれの福宝は2024年4月に、中国へ返還されました。円夢も、福宝も、どちらも大人気で、中国へ返還される際は、多くのファンから見送られていきました。

デンマークには、浜家の長男である雄浜の娘、毛二がいます。美しくかしこい毛二は、中国にいたときから大人気で、2018年の"グローバル・ジャイアントパンダ賞"※で、中国の人気ジャイアントパンダ金賞を受賞しました。

こうして、世界中に浜家の血筋は広がっています。なんだかほこらしい気持ちになりますね。

写真提供：月亭ペン太

デンマークの毛二は、浜家の長男 雄浜の娘。浜家のパンダたちに似ていますね。

韓国生まれ福宝。福宝の頭のてっぺんには、結浜、楓浜と同じようなピコンがあります。

※"グローバル・ジャイアントパンダ賞"とは、世界のパンダ愛好家が毎年行っている人気投票です。毛二が金賞を受賞した2018年の"グローバル・ジャイアントパンダ賞"の人気赤ちゃん部門では、彩浜が銀賞を受賞しています。

PART 4
浜家のパンダたち とっておき写真館

Hamake's Pandas Special Photo Studio

良浜から愛情をたっぷり受けて元気に育った10頭の個性的な浜家の子どもたちです。

 &

永明と良浜の最初の子どもである、梅浜と永浜。
永明と梅梅から一字ずつとって、名づけられました。

左が梅浜、右が永浜

上が永浜、下が梅浜。
このころは顔立ちや体形、動きまでそっくりです！

 &

いっしょにいるころは、つねにじゃれ合うなかよし兄妹でした。

左が海浜、右が陽浜。
ミルクを飲むときも、同じかっこうです！

左が陽浜、右が海浜。
じょじょに顔立ちに違いが出てきました。

写真提供：月亭ペン太

左が海浜、右が陽浜。
運動場にやってくるときもいっしょに！　海浜は永明に、陽浜は良浜に似てきました。

写真提供：月亭ペン太

優浜 メス

ひとりっ子でたん生した優浜は、大きな病気もなく、健康で美しく、みんなから愛されました。

目を囲むアイパッチが、梅梅や楓浜のように、ヒヨコのような形をしています。

くるんと

浜家のパンダたち とっておき写真館

日本で初めてたん生したメスの双子、桜浜と桃浜。
2頭は、食べるときも、寝るときもいっしょ。
かわいさも2倍です！

のんびりやの桜浜と、活発な桃浜。
双子でもそれぞれ性格は違いました。

左が桃浜、右が桜浜

左が桃浜、右が桜浜

ミルクの飲み方には、
それぞれ個性が出ていますね！

木登りもいっしょに♪
いつもいっしょにもふもふ、からみ合いながら
遊ぶすがたが、本当にかわいかった！

左が桃浜、右が桜浜

初めての雪を体験！

姉妹なかよく♪

桜浜 メス

桜浜の大きなまるい耳と目は、良浜とよく似ています。
好ききらいなく、みんなの食べ残した竹もおいしく食べるところも、良浜に似ました。
どんなときもマイペースで、みんなを和ませてくれる存在でした。

桃浜 メス

桃浜の、もふもふしたほっぺは良浜に、高い鼻は永明に似ました。
桜浜と違い、竹を選り好みするところも永明に似ました。
さびしそうにしている妹たちのところへ寄って行ったり、
飼育スタッフの動きを見たり、やさしくかしこい桃浜でした。

浜家のパンダたち とっておき写真館

結浜 メス

人なつこくて、物おじせず、つねに元気に
動きまわる結浜。たくさんかわいいすがたを、
見せてくれました。

赤ちゃんのころは、お母さんの食べている竹をかじって遊んでいました。

結浜のかかとには、白い毛が目立ちます。
浜家のパンダにはその特ちょうが出ることが多くあります。

おてんばな結浜は、お気に入りの
すべり台でよく遊んでいました。

スタタタ

おさないころの結浜の頭には、
まだトレードマークのピコンと立つ毛が
見当たりません。生後4か月ごろから、
じょじょに目立つようになったそうです。

じまんの長いおみあし。お父さんの永明にそっくり！

浜家のパンダたち とっておき写真館

大きくなっても、
好きな場所は変わりません。
こだわり強め女子です。

101

彩浜 メス

トコトコ

生まれたころは、命もあやぶまれた彩浜ですが、大きくなるにつれ、健康で、元気いっぱいなパンダに成長しました。

まだ歩くことはできませんが、しっかりとしたつめが、すでに生えています。

ぽやぽや

見るものすべてに興味津々の彩浜です！

過ごしやすい季節は、
お外でのんびり

母の日のイベントには、良浜と登場！

彩浜は、小さいころから
冷たい氷が大好き！

1歳になった彩浜 このころから座り方が、どうどうとした感じに。

浜家のパンダたち とっておき写真館

楓浜 メス

ほわっほわ

やんちゃでキュートな浜家の末っ子、楓浜。食べることが大好き！お姉ちゃんたちに負けないくらい、大きく成長中です。

良浜が愛情たっぷりになめるので、からだの毛は少しチリチリしたピンク色をしていました。

プレゼントのおもちゃがお気に入り♪

気になるものを発見すると、走って追いかけて行きました。

このころからアイパッチが、
特ちょう的なヒヨコ形に！

\カジカジ／

すでにこのころから竹に興味津々。
食いしんぼうになる予感あり!?

浜家のパンダたち とっておき写真館

赤パン おもしろポーズ特集

パンダの赤ちゃんは、からだがとってもやわらかい！いろいろなポーズをして、わたしたちを和ませてくれます。

パンダヨガ♡ くるんと！

まるでボールのような楓浜です！

おもち♡

スウィーン

かれいなすべりを見せる彩浜

安定感バッチリ！

良浜の初孫 梅蘭

梅蘭は、永明と良浜の初めての子 梅浜の子どもです。2016年5月29日に中国の四川省でたん生しました。結浜と同じ年齢です。梅蘭は、浜家の特ちょうであるまるい顔に、見開いた大きな目がかわいらしく、良浜にも似ていますね。中国では「肉肉」の愛称でよばれ、大人気のパンダです。食いしんぼうで、特にカボチャが大好き！ 食べものにこだわりが強いのも、浜家の血筋を感じさせますね。

中国のパンダファンのあいだでは、愛称の「肉肉」の"肉"と、「浜家」の"浜"の字をあわせて、"肉浜"と、よばれることも。

赤ちゃん時代の梅蘭。良浜の赤ちゃんのころにも似ています。

写真提供：月亭ペン太

アドベンチャーワールドの歴代パンダ写真館

これまでアドベンチャーワールドにいた、たくさんのパンダたちの、ここでしか見られない、かわいい、面白い、楽しい、写真を紹介しましょう！

永明（えいめい）

ごじまんのスラリとした長い手あしで歩くすがたが印象的でした★

竹を見つめる真剣なまなざしは、まるで職人のようです！

浜家のパンダたち とっておき写真館

こんなおちゃめなすがたも！

タイヤに乗るキュートな永明です♪

みんな大好き！いつもパワフルな 良浜(らうひん) 名場面集

みんなから感謝をこめて♪

良浜(らうひん)

2019年5月 母の日

雪だるまや、にんじんとリンゴのチューリップとたけのこをプレゼント！

2021年5月 母の日

楓浜(ふうひん)といっしょにお祝いしてもらいました！

2022年3月 ホワイトデー

良浜の似顔絵入りの麻のふくろと、ハートでできた氷をプレゼント♪
似顔絵は飼育スタッフが描きました！

結浜はリボン、
彩浜は虹、
楓浜はかえで、
かわいい娘たちの
イメージを
氷にしてプレゼント！

2022年9月6日 22歳のバースデー

浜家のパンダたち とっておき写真館

109

アドベンチャーワールドでたん生した
パンダたちは、双子が多くいます。
見ていて思わず笑顔になる、
楽しい場面をたくさん見せてくれました。

梅浜 & 永浜

手前が梅浜、奥にいるのが永浜です。
梅浜と永浜は、こうしてよく並んで竹を食べていました。

海浜 & 陽浜

左が陽浜、右が海浜です。おだやかな海浜に、やんちゃな陽浜、ベストコンビでした。

写真提供：月亭ペン太

海浜

海浜は、面長の顔立ちに
スラリとした手あしが
特ちょうのイケパンでした。

おぎょうぎよく！

クルッと！

スヤスヤ

手前にいるのが海浜、奥にいるのが陽浜です。
さすが兄妹！ 離れていても同じポーズで寝ています。

浜家のパンダたち とっておき写真館

アドベンチャーワールド歴代パンダのなかでも、
特に美パンダと評判だった、陽浜と優浜です！

陽浜

キュートな顔立ちの陽浜ですが、
気に入らないことがあると、
よくでんぐり返しや
逆立ちをしてアピールしていました。

パンダはゆったりとしたイメージに見られますが、
とても活動的な陽浜でした。

優浜

浜家のメスのパンダは
良浜に似ることが多いのですが、
優浜はつり目に鼻筋の通った顔立ちで、
永明に似ていました。

ヒヨコのようなアイパッチは、
楓浜と似ていますね！

ひとりっ子として育ったからか、人なつこく、周囲の様子を見て
動くことができる、かしこい優浜でした。

双子姉妹の姉としてたん生した桜浜は、大きな耳がトレードマークのかわいいパンダです。

好ききらいせずに食べてくれるので、飼育スタッフたちからはとても喜ばれました。

良浜にとてもよく似ています！

みんなを和ませてくれた桜浜、中国でもきっと愛される存在に！

浜家のパンダたち とっておき写真館

双子姉妹の妹として生まれた桃浜は、とても活発で、かしこく、下ぶくれのふわふわほっぺがトレードマークです。

桃浜

白く美しい毛並みをしていますね。

2021年12月2日のたん生日には、桃の花をかたどった氷をプレゼントされました！

中国に行ってから、ファンがたくさんできて、美しいと評判の桃浜です。

桜浜 & 桃浜

アドベンチャーワールドでの最後のバースデー

2022年12月2日 8歳のバースデー

桜の花の氷をもらいました！　　　　　　　桃の花の氷をプレゼント！

桜浜

桃浜

氷より竹に夢中？　　　　　　　　　　　　みんなに祝ってもらいました♪

ますます美しくなっていく桜浜と桃浜
中国で、良浜に負けない、パワフルでかわいいお母さんパンダになってね！

浜家のパンダたち とっておき写真館

中国でくらす浜家のパンダたち

アドベンチャーワールドでたん生したパンダは、これまで13頭が中国へ旅立ちました。中国でも大人気の浜家のパンダたちの貴重な写真を、紹介しましょう！

梅浜

梅浜は、中国で梅蘭という大人気パンダを出産しました。梅蘭のお母さんとしても、有名になりました。

永浜

永明に似たスマートな永浜。中国のパンダ施設の名物、パンダケーキにも慣れたようですね！

海浜

中国へわたったばかりのころの海浜です。たけのこをおいしそうに食べていますね！

陽浜 ピコンも健在！

陽浜は、中国でも美パンダとして知られていますが、相変わらずやんちゃなようです。

写真提供：月亭ペン太

2024年12月に、成都のジャイアントパンダ繁育研究基地で撮影した、浜家の血筋のパンダたちの写真を紹介します！

2024年12月 中国四川省成都

愛浜

お母さんの梅梅に似てきた愛浜です。
中国でお母さんになりました。

雄浜は、たくさんのパンダのお父さんになり、永明に負けないグレートファーザーになりました。

雄浜

この写真を撮影したとき、近くにアドベンチャーワールドの元飼育スタッフ 熊川さんがいたそうです。熊川さんが近づくと、雄浜が降りてきました！

桃浜　2024年12月2日 バースデー

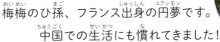

中国で祝ってもらいました。
この日、桜浜は外に出てこず、桃浜だけのたん生会になりました。

円夢（ユアンモン）

梅梅のひ孫、フランス出身の円夢です。
中国での生活にも慣れてきました！

浜家のパンダたち とっておき写真館

さすがファミリー うりふたつ！

大家族の浜家。子どもたちはみんな個性的ですが、それぞれ両親に似ている部分がたくさんあります。どんなところが似ているのかな？比べてみましょう！

BODY

永明

結浜

せまいところ好きなのもそっくり！
永明　キュッ！
結浜　キュッ！

オスの子どもたちは、永明に似てすらりとした体形が多いといわれていますが、メスのなかでは、体形は結浜がもっとも、永明に似ているといわれています。長い手あしはもちろん、おしりの色や毛のはね方まで似ていますね！

彩浜　スラリ☆

永明

結浜　ひょっこり

ごじまんの長い前あしを出し、ポーズを決めています♪

永明　彩浜

永明　結浜
しぐさまでそっくり親子★

娘たちのなかでも、もっとも顔立ちが永明に似ているといわれる彩浜。ポーズもおそろいですが、目もとのアイパッチがツンととがっているところや、高めの長い鼻、口もとまで永明にそっくりです！

背中で語る！

永明、結浜、楓浜は背中の真ん中の黒い部分の毛なみが、ハート形のようになっているのがわかります。

楓浜

永明

結浜

FACE

目が似ていたり、鼻が似ていたり、同じまんまる顔だったり、ファミリーだけに、見間違えるほど似ている部分があります！

桃浜

楓浜・結浜・桃浜

下ぶくれの輪かくにもっふもふのほっぺ、それに表情まで！ さすが姉妹です！

優浜　結浜
美しい横顔対決★

桃浜
表情そっくり対決★

結浜

大物感

永明　彩浜

大物感ただよう親子です！

浜家のパンダたち とっておき写真館

そっくりすぎる!!

角度や表情、口の開き方までそっくりです!

モナリザのようなポーズ、表情までシンクロしています!

竹を食べているときに、舌をペロッと出すくせのある桜浜。
桜浜だけではなく、みんなそろってペロッとしていますね!

姉妹だ寝!

こんなに大きくなりました！

浜家の娘たち、赤パン時代と現在を比べてみました！どんなふうに成長したかな？

いまもむかしもキュルルンだ寝！

結浜

赤パン時代からかんろくたっぷり！

彩浜

浜家のパンダたち とっておき写真館

愛らしさはいっしょだ寝★

楓浜

いまも変わらず愛らしい、成長した浜家の娘たちに、ぜひ会いに来てください！

121

浜家最新とっておきショット☆

良浜

くねっと

通常の良浜

ドシドシ☆

彩浜

通常の彩浜

結浜（ゆいひん）

通常の結浜

スピー

キョトン

楓浜（ふうひん）

通常の楓浜

くねっと

伸び〜

パトロール

浜家のパンダたち とっておき写真館

食べたり、寝たり、走ったり、
浜家のパンダたちは今日も元気に過ごしています！

アドベンチャーワールドってどんなところ？

アドベンチャーワールドは、動物園、水族館、遊園地が一体になった、和歌山県の白浜町にあるテーマパークです。約120種 約1600頭の動物たちがいきいきとくらしており、"PANDA LOVE" や "海獣館" など人気の施設が盛りだくさんです。

https://www.aws-s.com/
和歌山県西牟婁郡白浜町堅田2399番地

アドベンチャーワールドのエントランス

"PANDA LOVE"と"ブリーディングセンター"にはパンダがくらしています。ここでは間近でパンダたちを見ることができます。

"サファリワールド"や"海獣館"など、さまざまなエリアがあり、アフリカゾウ、ライオン、ペンギンといった、多くの動物たちに出会えます。海獣館には、7種類のペンギンたちがくらしています。

"ビッグオーシャン"を舞台に、トレーナーとイルカが繰り広げるマリンライブ「Smiles」。大迫力のライブパフォーマンスにより、会場全体が一体となります。

みなさんもぜひアドベンチャーワールドの動物たちに、会いに来てくださいね！

写真提供：アドベンチャーワールド

アドベンチャーワールドの取り組み

アドベンチャーワールドでは、パンダの竹を使って、ボトルやピアス、指輪などを作っています。ほかにも、アオリイカの産卵床を竹で作って海に沈めたり、アート作品にしたりして、パンダが食べ残した竹や、食べない竹の幹部分をムダにしない取り組みを行っています。

竹5000本を活用した、超巨大アート作品"きらめく丘"。"PLAY・あそび"の空間である小ドームと、"PRAY・祈り"の空間である大ドームの2つに分かれています。

アドベンチャーワールドのスタッフ、ゲスト、地域の方々によって手作りされた"竹あかり"。やさしいあかりがパークを灯し、とても幻想的なイベントになりました。

ハートのなかにパンダがいるよ！

アクセサリー

パンダが食べ残した竹と京都の竹を使用した、ハイブリッドアクセサリーです。細かい竹ひごにしてから、ひとつひとつ編んで作られています。

テーブルウェア

パンダの竹を集成材へと加工し、1点ずつハンドメイドされているテーブルウェア"PANDAYS"。「パンダ（PANDA）と竹を通じて、地球への想いを毎日（DAYS）食卓に」をコンセプトに作られました。

ボトル

水分補給必須の夏、パーク内のプラスチックゴミ削減を目的にたん生した"パンダバンブーマイボトル"。天然素材ならではの手触り、香りを楽しむことができます。

写真提供：アドベンチャーワールド

本書の最新情報は、下のQRコードから書籍サイトにアクセスの上、ご確認ください。

本書へのご意見、ご感想は、技術評論社ホームページ（https://gihyo.jp/book）または以下の宛先へ、書面にてお受けしております。
電話でのお問い合わせにはお答えいたしかねますので、あらかじめご了承ください。

〒162-0846　東京都新宿区市谷左内町 21-13
株式会社技術評論社　書籍編集部
『良浜と浜家
　～10頭のパンダを育てた母パンダの偉大なパン生～』係
FAX：03-3267-2271

協　　力　アドベンチャーワールド
写真協力　アドベンチャーワールド、神戸万知、月亭ペン太、PIXTA
イラスト　杏梅（こうめ）、髙塚小春（ニシ工芸株式会社）、PIXTA
編　　集　池田真由子、髙塚小春（ニシ工芸株式会社）
　　文　　神戸万知（良浜物語）、池田真由子
デザイン　岩間佐和子
企画・進行　池田真由子（ニシ工芸株式会社）
　　　　　成田恭実（株式会社技術評論社）

良浜と浜家
～10頭のパンダを育てた母パンダの偉大なパン生～

2025年 4月29日　初版　第 1 刷発行
2025年 5月27日　初版　第 2 刷発行

文・写真　神戸万知（良浜物語）
協　　力　アドベンチャーワールド
発行者　　片岡　巌
発行所　　株式会社技術評論社
　　　　　東京都新宿区市谷左内町 21-13
　　　　　電話 03-3513-6150　販売促進部
　　　　　　　 03-3267-2270　書籍編集部
印刷／製本　株式会社シナノ

定価はカバーに表示してあります。
本書の一部または全部を著作権法の定める範囲を超え、無断で複写、複製、転載、テープ化、ファイルに落とすことを禁じます。

©2025　神戸万知・ニシ工芸株式会社

造本には細心の注意を払っておりますが、万一、乱丁（ページの乱れ）や落丁（ページの抜け）がございましたら、小社販売促進部までお送りください。送料小社負担にてお取り替えいたします。
ISBN 978-4-297-14676-4 C0045
Printed in Japan